1ᴱᴿ JUIN 1862.

ÉTABLISSEMENTS

DE

MM. BARBIER ET DAUBRÉE

A CLERMONT-FERRAND ET A BLANZAT

(PUY-DE-DÔME).

ATELIERS DE CONSTRUCTION. — FORGES. — FONDERIE ET CHAUDRONNERIE EN FER ET EN CUIVRE. FABRIQUE DE CAOUTCHOUC.

DÉPÔT A PARIS

RUE DU FAUBOURG-POISSONNIÈRE, Nᵒ 40.

V

MOTEURS A VAPEUR

MACHINES FIXES HORIZONTALES, A DÉTENTE VARIABLE,

AVEC OU SANS CONDENSATION.

MACHINE DE LA FORCE DE 6 CHEVAUX.

PRIX : 3,600 FR.

TARIF

Machines à vapeur horizontales, à détente variable.			par force de cheval.	f.	500
» » » » et à condensation . . .	»	»	»	800

N. B. — Les prix cotés ci-dessus ne sont applicables qu'à partir de la force de 6 chevaux. A 6 chevaux et au-dessous, le prix s'établit, de gré à gré, sur des bases proportionnelles.

Il en est de même pour toutes autres machines appliquées à des spécialités, telles que : *Pompes d'épuisement, Marteaux-Pilon, alimentation de générateurs,* etc., etc.

MOTEURS A VAPEUR

MACHINES LOCOMOBILES.

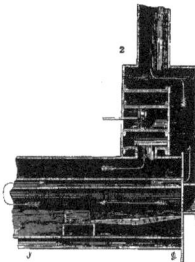

MACHINE LOCOMOBILE DE LA FORCE DE 4 CHEVAUX.

PRIX : 4,500 FR.

TARIF

Machine locomobile de la force de	2 chevaux.	f.	3,000
»	»	»	3	»	»	3,700
»	»	»	4	»	»	4,500
»	»	»	5	»	»	5,000
»	»	»	6	»	»	6,000
»	»	»	7	»	»	6,500
»	»	»	8	»	»	7,500
»	»	»	9	»	»	8,000
»	»	»	10	»	»	9,000
»	»	»	12	»	»	10,500

Cette locomobile, à double enveloppe, à retour de flamme et à vapeur réchauffée, a obtenu le PRIX DE L'EMPEREUR à l'Exposition de Limoges en 1858. Au Concours international de 1860, elle a remporté LE DEUXIÈME PRIX, sa consommation en combustible n'ayant été que de 2 kil. 900 par heure et par force de cheval. Depuis, d'importantes améliorations ont été apportées dans sa construction, et, par la facilité du montage, par l'économie du combustible, par la solidité de tous les organes et tout à la fois la légèreté de l'ensemble, elle offre d'incontestables avantages.

MOTEURS A VAPEUR

MACHINES ET CHAUDIÈRES.

SYSTÈME **LARMANJAT**, BREVETÉ S. G. D. G.

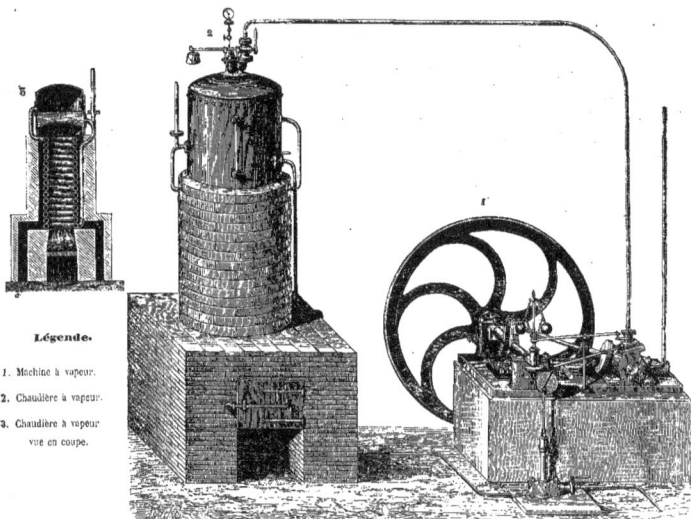

MACHINE ET CHAUDIÈRE DE 4 CHEVAUX.
PRIX : 3,200 FR.

Légende.

1. Machine à vapeur.
2. Chaudière à vapeur.
3. Chaudière à vapeur vue en coupe.

TARIF

LA CHAUDIÈRE LARMANJAT est inexplosible. Elle se recommande, en outre, par le peu de place qu'elle occupe, le peu de dépenses d'installation qu'elle exige, la facilité de l'entretien et du nettoyage, l'économie du combustible, la promptitude (20 à 25 minutes) avec laquelle elle entre en pression.

FORCES.	CHAUDIÈRES.	MACHINES.	APPAREILS COMPLETS.
2 chevaux.	1,100 f.	800 f.	1,900 fr.
3 —	1,400	1,000	2,400
4 —	1,700	1,200	2,900
6 —	2,100	1,700	3,800
10 —	3,500	2,700	6,200
Les forces supérieures par force de cheval.	300	250	700
(Frais de transport et d'emballage en sus.)			

LA MACHINE LARMANJAT est aussi avantageuse que la chaudière. Son installation peu coûteuse, sa surveillance et son entretien faciles, la simplicité de ses organes, la vitesse convenable dont elle est animée, en font un des moteurs les mieux appropriés à l'industrie agricole.

Chaudière et Machine sont garnies de tous leurs appareils.

Une Chaudière de 10 chevaux n'occupe que 1 m. 35 carré d'emplacement ; les autres en proportion.

On trouve toujours, dans les ateliers de Clermont-Ferrand, des Machines et des Chaudières prêtes à livrer.

MEUNERIE — MINOTERIES

MOULINS A BLÉ DITS A L'AMÉRICAINE

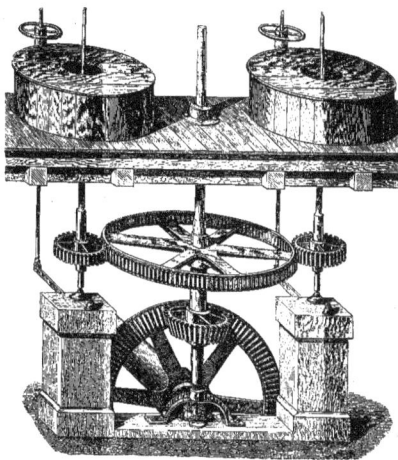

MOULIN A DEUX PAIRES DE MEULES ET A DOUBLE HARNAIS.

PRIX : 2,400 FR.

TARIF

Simple harnais pour un tournant,				
Double harnais pour 2 tournants,				
Triple harnais pour 2, 3 et 4 tournants, le kil. de f. 0 90 à f.			1	20
Fonte brute.	»	» 0 40	»	0 50
Fonte tournée	»	» 0 70	»	1 »
Engrenages taillés	»	» 1 40	»	2 »
Archure et auget.	»	110	»	

Bluteries, sans les soies, le mètre courant	f.	100	»	
Tarrare à colonnes . . . . f. 800	»	»	1,500	»
Monte-sacs en fonte et bois.	»	»	350	»
Monte-sacs tout en fonte.	»	»	500	»
Régulateur en fonte pour dresser les meules, avec boîte.	»	»	70	»
Chaînes à godets, courroies, vis sans fin, marteaux à repiquer, etc., etc.				

N. B. — Moyennant 6,000 fr. par paire de meules, on se charge d'établir une minoterie complète, y compris meules, menuiserie, roue hydraulique, etc., etc., les bâtiments exceptés.

HUILERIES

PRESSE A HUILE A ENGRENAGES.

PRESSE A PERCUSSION.

PRIX : SIMPLE. 1,800 FR.
DOUBLE. 2,360

PRIX : 1,200 FR.

TARIF

PRESSES A HUILE.

A percussion	f.	1,200	»
A engrenages, simple.	»	1,800	»
A engrenages, double.	»	3,360	»
Hydraulique, sans pompe.	»	2,700	»
Pompe hydraulique.	»	900	»
Mécanisme pour petites meules à rabattre. . . le kil.	»	1 10	
Le même pour grandes meules . . . . »	»	1	»
Cylindres pour graines. . . . . de f. 180 à.	»	350	» *Suivant les dimensions.*
Bacs à huile et poêles . . , ... le kil.	»	» 45	

2

PATES ALIMENTAIRES

PRESSE A VERMICELLE.

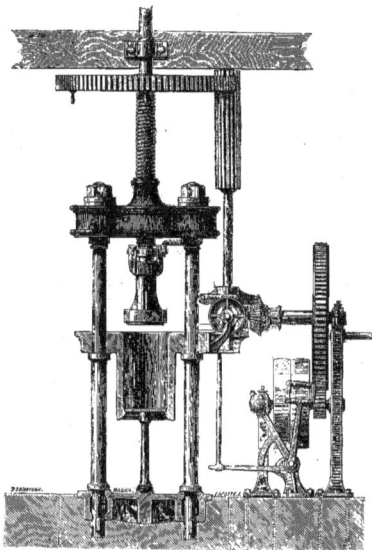

PRIX : 3,000 FR.

TARIF

Presse à vermicelle			f.	3,000	»		
Presse à petites pâtes			«	1,500	»		
Mécanisme du pétrin, sans meules			»	1,000	»		
Transmission de mouvement	le kil. de f. 0 80 à		»	1 10			
Vis en fer	«	» 2 » à	»	2 50	suivant le poids.		
Écrous en bronze	»	» 5 » à	»	6	» suivant le poids.		
Établissement complet d'une usine p. 600 k. de pâtes par jour, de f. 20,000 » à » 22,000 »							

PRESSOIRS A VIN

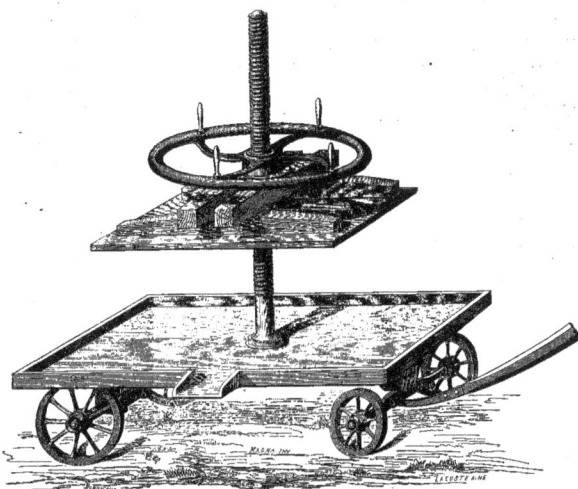

PRESSOIR A VIN MONTÉ SUR 4 ROUES.

PRIX : 650 FR.

Les pressoirs à vin se construisent de différentes manières, suivant les pays. Nous en avons de différents modèles. Celui représenté ci-dessus est le plus usité en Auvergne.

TARIF DES PIÈCES DÉTACHÉES

Vis en fer de 0,70 à 0,100 de diamètre . . . . le kilog. de f. 2 » à f.		2 50 suivant le poids.
Écrou en bronze, » » . . . . » » 5 » à »		6 »
Volants ajustés, » » . , ... »		» » 60
Train complet.		» 500 »
Boiserie en chêne. . . . . le mètre cube.		» 200 »

PAPETERIES

LESSIVEUSE A CHIFFONS.

MACHINE A PRESSER LE DÉFILÉ.

COUPE-CHIFFONS.

TARIF

Lessiveuse à chiffons. . . . . . la tôle et la fonte . . . le kilog. f.	1	»
" " . . . . la tuyauterie et le bronze. » »	6	»
Machine à presser le défilé . . . . » 900	»
Coupe-chiffons. . . . . » 550	»

PAPETERIES

PRESSE HYDRAULIQUE ET SA POMPE

PILE A PAPIER

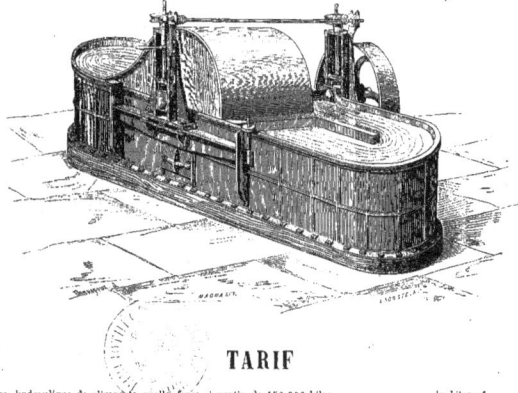

TARIF

Presse hydraulique de n'importe quelle force, à partir de 150,000 kilog. . . . . le kilog. f.	» 65	
Pompes » de 150 à 400,000 kilog. . . . . de f. 500 » à » 900 »		
Piles à papier, avec cuve en bois . . . . de f. 1,500 » à » 1,800 »		
» » avec cuve en fonte. . . . . de f. 2,000 » à » 2,300 »		
Cylindres-sécheurs, presses, rouleaux, rouleuses, transmission de mouvement, etc. le kil. de f. » 80 à » 1 10		

.5

POMPES D'ÉPUISEMENT ET D'IRRIGATION

I. SYSTÈME DENIZOT

BREVETÉ S. G. D. G.

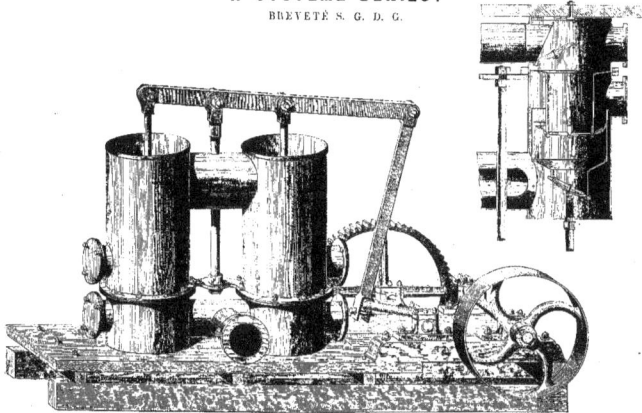

POMPE N° 3, AVEC SA TRANSMISSION DE MOUVEMENT.
PRIX : FR. 1,950

TARIF

Pompe n° 1.	—	7 mètres cubes à l'heure.	Prix : avec balancier à bras, f.	850	»; — avec transmission de mouvement, f. 1,150	»
Pompe n° 2.	— 15	—	—	Prix :	—	» 1,150	»; —	—	—	» 1,450 »
Pompe n° 3.	— 50	—	—	Prix :	—	» 1,450	»; —	—	—	» 1,750 »

A LA DEMANDE DES ACHETEURS, LES POMPES SONT, OU A DÉVERSOIR, OU A REFOULEMENT.

II. SYSTÈME APPLIQUÉ EN ESPAGNE POUR LES IRRIGATIONS.

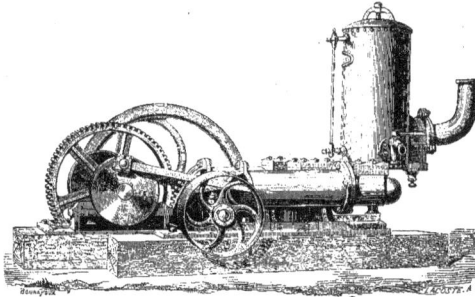

POMPE A SIMPLE EFFET, DONNANT PAR HEURE DE 15 A 20 MÈTRES CUBES D'EAU.
PRIX : 3,000 FR.

POMPES DE MAISON

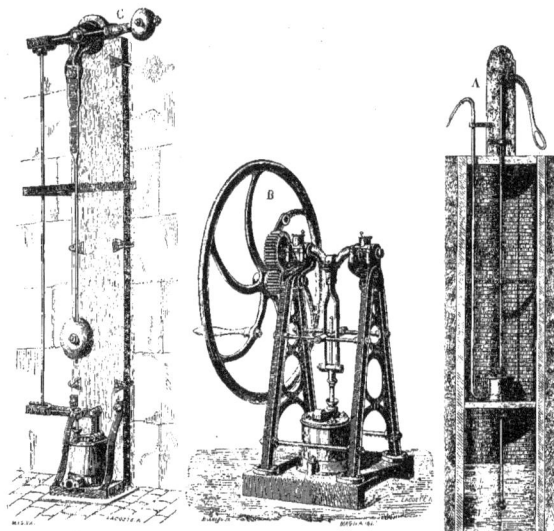

A. Pompe n° 1 à brimbale.
B.   »   n° 3 à chaises et volant.
C.   »   n° 2 à plateau et balancier.

TARIF

N° des pompes.	Quantité de litres à l'heure.	PRIX DES POMPES				PRIX DES ACCESSOIRES				
		Nues.	Fixes à brimbale.	Fixes à plateau et balancier.	Fixes à chaises et volant.	Crépines d'aspiration.	Clapets de retenue complets.	Tuyaux d'aspiration en caoutchouc.	Tiges avec guides pour pompes fixes.	Consoles pour la pose des pompes fixes.
1	1800	f. 60	f. 100	f. 200	f. »	f. » 3 50	f. 6 50	le m. f. 10	le m. f. 5	f. 12
2	5400	» 100	» 150	» 250	» 280	» 4 50	» 8 »	» 14	» 6	» 12
3	8400	» 150	» 250	» 300	» 330	» 5 50	» 10 »	» 16	» 8	» 12
4	12000	» 200	» »	» »	» 500	» 6 »	» 12 »	» 18	» »	» »

POMPES A INCENDIE

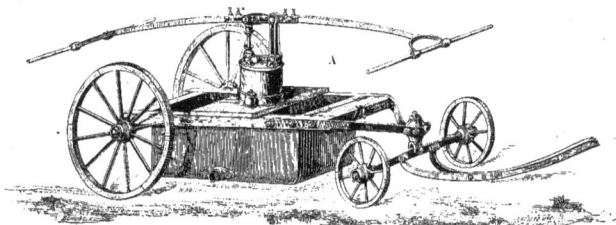

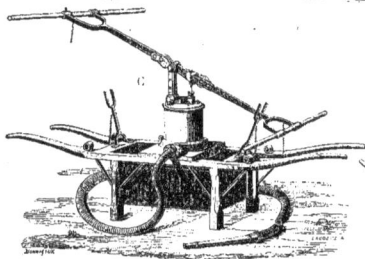

A. Pompe nᵒ 5 sur chariot à 4 roues, spéciale pour chantiers et grands ateliers.
B. Pompe nᵒ 3 sur chariot à 2 roues, pour petites villes et bourgs.
C. Pompe nᵒ 3 sur bayard, pour communes rurales.

TARIF

Nᵒ des pompes.	Quantité de litres à l'heure.	PRIX DES POMPES.				PRIX DES ACCESSOIRES.					
		Nues.	à incendie sur chariot à 4 roues.	à incendie sur chariot à 2 roues.	à incendie sur bayard.	Lances à jet droit.	Crépines d'aspiration.	Clapets de retenue complets.	Raccords en cuivre.	Tuyaux d'aspirat. en caoutchouc.	Tuyaux de projection en caoutchouc
2	5400	f. 100	f. »	f. »	f. 200	f. 12 »	f. 4 50	f. 8 »	f. 4 50	le m. f. 14	le m. f. 5 60
3	8400	» 150	» »	» 450	» 300	» 15 »	» 5 50	» 10 »	» 6 »	» 16 »	» 6 20
4	12000	» 200	» 900	» 650	» »	» 18 »	» 6 »	» 12 »	» 9 »	» 18 »	» 11 90
5	18000	» 300	» 1000	» 900	» »	» 22 »	» 8 »	» 15 »	» 12 »	» 22 »	» 14 20

LA POMPE Nᵒ 3 SUR BAYARD est la véritable pompe à incendie des petites communes et des grands établissements publics ou particuliers. Afin qu'elle soit à la portée de tous, elle n'est vendue, avec 10 mètres de tuyaux de refoulement en caoutchouc et sa lance, que f. 350. — Pour tous les autres systèmes, les accessoires sont comptés en sus du prix coté.

Seaux à incendie, la pièce, f. 2 50.

POMPES D'ARROSAGE

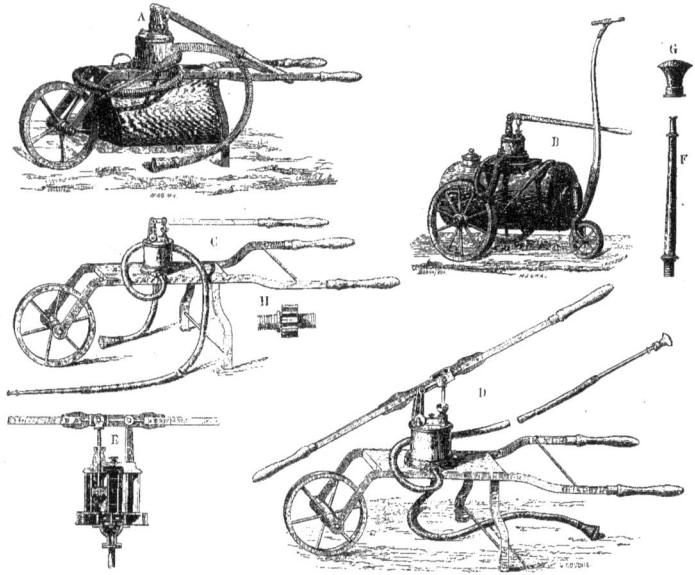

LÉGENDE : A. Pompe nº 1, avec bâche en tôle. — B. Pompe nº 1 sur tonneau. — C. Pompe nº 1 sur brouette. — D. Pompe nº 2 sur brouette. — E. Coupe d'une pompe nº 3. — F. Lance. — G. Pomme d'arrosoir. — H. Raccord pour les tuyaux.

TARIF

Nᵒˢ des pompes.	Quantité de litres à l'heure.	PRIX DES POMPES.				PRIX DES ACCESSOIRES.							
		Nues.	avec brouette.	avec bâche en tôle.	Sur tonneau en tôle.	Lances à jet droit.	Pommes d'arrosoir.	Queues d'hirondelle.	Crépines d'aspiration.	Clapets de retenue complets.	Raccords en cuivre.	Tuyaux d'aspiration en caoutchouc.	Tuyaux de projection en caoutchouc.
1	1800	f. 60	f. 82	f. 180	f. 310	f. 8	f. 3 50	f. 3 50	f. 3 50	f. 6 50	f. 3 50	le m. f. 10	le m. f.5 »
2	5400	» 100	» 127	» 200	» 350	» 12	» 4 50	» 4 50	» 4 50	» 8 »	» 4 50	» 14	» 5 60
3	8400	» 150	» 185	» 250	» 450	» 15	» 5 50	» 5 50	» 5 50	» 10 »	» 6 »	» 16	» 6 20

4

Système Faure.

PREMIER PRIX AU CONCOURS DE BOURGES,
1862.

Breveté s. g. d. g.

PREMIER PRIX AU CONCOURS DE LIMOGES,
1862.

POMPES A PURIN
ET D'ÉPUISEMENT

LÉGENDE et TARIF :

Pompe nue. . . . . . F. 120
Tuyaux en zinc pour
  aspiration, le mètre. » 3
Raccords en caout-
  chouc, le bout de
  20 centimètres . . » 5
Coussinets en caout-
  chouc de rechange. » 2

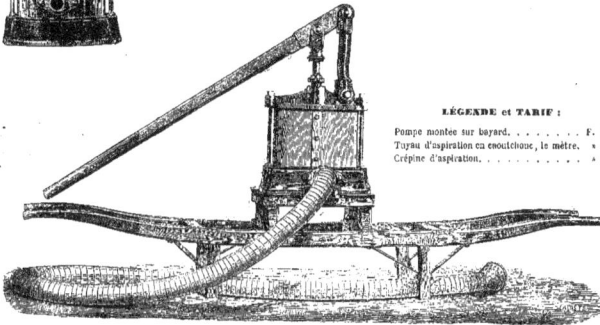

LÉGENDE et TARIF :

Pompe montée sur bayard. . . . . . . F. 140
Tuyau d'aspiration en caoutchouc, le mètre. » 24
Crépine d'aspiration. . . . . » 8

LÉGENDE et TARIF :

Pompe montée sur brouette. . . . . . F. 100 »
Tuyaux de refoulement en toile. . . . . » 3 »
  "   "   en caoutchouc. . . » 9 60
Lance avec jet droit. . . . . » 22 »
Pomme d'arrosoir. . . . . » 8 »
Raccords pour tuyaux de refoulement. . . » 12 »

LACOSTE, sculp.

FAUCHEUSE

TROIS MÉDAILLES D'OR AUX CONCOURS RÉGIONNAUX DE BOURGES, MOULINS, LIMOGES,
EN 1862.

PRIX : Avec 2 lames de rechange, ... f. 500
Emballage à part . . . . » 20

MOISSONNEUSE FRANÇAISE

PRIX : Avec 2 lames de rechange. . . . . f. 1,200
Emballage à part . . . . »   50

OUTILS ET APPAREILS DIVERS

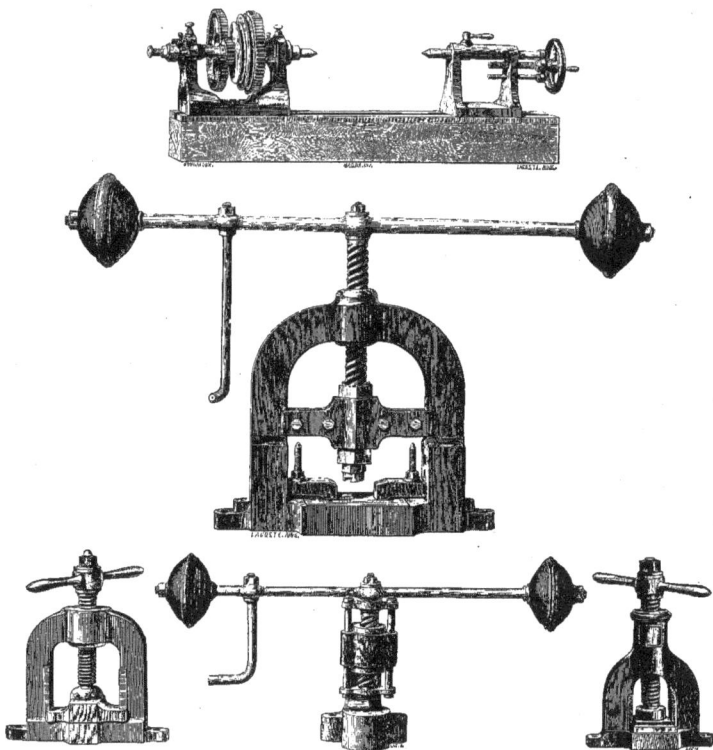

TARIF

CONSTRUCTIONS DIVERSES

Montage complet à forfait, ou chaque pièce vendue séparément.

SCIERIES MÉCANIQUES.

Scie verticale, avec son chariot de 5 m. et ses agrès	Fr. 4,500 »
Scie circulaire, avec son chariot pour le dressage des bois en grume, et 3 lames de scie.	» 1,750 »
La même, montée sur un char à 4 roues et transportab.e	» 2,700 »
Petite scie circulaire pour liteaux, avec son banc et 2 lames	» 500 »
Petite scie circulaire pour lames de parquet, avec son banc et 2 lames	» 900 »
Appareil à affûter les lames de scie	» 550 »

N. B. — A forfait, il est entrepris des montages complets de scieries mécaniques, mises en mouvement par l'eau, des machines à vapeur fixes, ou des locomobiles à vapeur.

TRANSMISSION DE MOUVEMENT.

Arbres bruts, collets tournés et poulies brutes	de Fr.	» 60	à Fr.	» 70	le kilog.
Les mêmes, tout tournés	»	» 90	»	1 20	»
Poulies tournées seules	»	» 80	»	1 »	»
Transmission grande vitesse	»	1 25	»	1 50	»
Engrenages taillés et roues à dents de bois	»	1 20	»	1 50	»
PALIERS :					
La fonte	»	» 90	»	1 20	»
Le bronze	»	4 50	»	6 »	»

FONDERIE EN FER ET EN CUIVRE.

Fonte brute, de 2ᵐᵉ fusion, suivant les pièces	de Fr.	35	» à Fr.	50	» les 100 kilog.
Bronze brut	»	. . . .	»	3 60	»	4 » le kilog.
Cuivre jaune ou laiton	»		»	2 75	»	3 25 »
Robinetterie pour vapeur ou pour eau	»	. . . .	»	3 50	»	5 » »

CHAUDRONNERIE EN FER ET EN CUIVRE.

Chaudières à vapeur, à bouilleurs, sans bouilleurs, ou avec tube intérieur. .	de Fr.	60	» à Fr.	65	» les 100 kilog.
Ou, par force de cheval, au-dessus de 6 chev., pression de 5 atmosphères. .	»	200	»	»	
Récipients en tôle demi-mince	»	70	»	75	» les 100 kilog.
» » mince	»	80	»	100	» »
Tuyauterie en cuivre, suivant la façon	»	4 »	»	5 50	le kilog.
Vases en cuivre de toutes formes	»	. . . .	»	4 »	»	6 » »

MANUFACTURE DE CAOUTCHOUC

A BLANZAT ET A CLERMONT-FERRAND.

TARIF

DES DIVERS PRODUITS DE LA FABRICATION.

FEUILLES NOIRES ET GRISES.

De 1m,200 de large au plus, d'une longueur indéfinie et de toutes épaisseurs.

Nota. Les feuilles jaunes, bleues, rouges, roses, marrons, vertes, etc., se vendent 3 fr. de plus par kilogramme.

ÉLASTIQUES.		FEUTRÉES NON ÉLASTIQUES ET DEMI-FEUTRÉES.	
POUR CLAPETS, MATELAS DE MARTEAUX-PILONS, RESSORTS, etc.		POUR JOINTS HYDRAULIQUES ET DE VAPEUR, etc.	
	fr. c.		fr. c.
EN PIÈCES... { Sans mélange, le kilog..........	12 »	EN PIÈCES, le kilog........................	8 »
{ Avec mélange, suivant la consistance demandée, le kilog...............	10 »	EN RONDELLES, découpées sur commande et de dimensions courantes, le kilog... de 10 à	16 »
EN RONDELLES découpées sur commande et de dimensions courantes, le kilog...... de 12 à	20 »	EN LANIÈRES, pour joints de trous d'homme, le kilog...	8 »

TAMPONS POUR CHEMINS DE FER.		ARTICLES POUR FABRIQUES DE PAPIERS :	
	fr. c.		
Sans mélange, le kilog........................	10 »		fr. c.
Avec mélange................................	8 »	COURROIES, le kilog........................	12 »
OBJETS MOULÉS.		TABLIERS DE MACHINE, le kilog..............	10 »
Le prix varie de 10 à 20 fr. le kilog., suivant le poids des pièces et la facilité du moulage.		QUEUES DE VACHE, le kilog	13 »
Le moule doit être fourni par l'acheteur, ou payé à part, si on ne donne que le dessin.			

TUYAUX.

Les tuyaux en caoutchouc pur ont 7 mètres de long. — Ils peuvent être recouverts de coton de toutes couleurs, sans augmentation de prix.

Les tuyaux à spirale, très flexibles et résistant à la pression de l'atmosphère, peuvent aussi avoir 7 mètres.

Les tuyaux en caoutchouc et toile de chanvre peuvent avoir une longueur indéterminée; mais alors ils sont habituellement plats, et ne reprennent la forme ronde que sous l'effort d'une pression intérieure. Si on les veut ronds, ils ne peuvent avoir que 7 mètres de long.

CAOUTCHOUC PUR. PRIX AU KILOG.						CAOUTCHOUC ET TOILE DE CHANVRE. PRIX AU MÈTRE.					A SPIRALES EN FER. PRIX AU MÈTRE.		
DIAMÈTRE intérieur en millim.	ÉPAISSEUR en millimètres.	PRIX au kilogramme.	DIAMÈTRE intérieur en millim.	ÉPAISSEUR en millimètres.	PRIX au kilogramme.	DIAMÈTRE intérieur en millim.	1 TOILE.	2 TOILES.	3 TOILES.	4 TOILES.	DIAMÈTRE intérieur en millim.	3 SPIRALES.	
millim.	millimètres.	fr.	millim.	millimètres.	fr.	mill.	fr. c.	fr. c.	fr. c.	fr. c.	mill.	fr.	
3	1 . 2		10	2 et plus.		20	2 40	4 40	6 80	9 50	20	8 »	
4	1 . 2		12	2 . 3 —		25	2 83	5 »	7 80	11 »	25	10 »	
5	1 —	18	15	2 . 3 —	13	30	3 20	5 80	8 80	12 80	30	12 »	
6	1 —		18	2 —		35	3 60	6 20	9 80	14 »	35	14 »	
7	1 —					40	4 »	6 80	10 80	15 50	40	16 »	
						45	4 45	7 59	11 90	17 10	45	18 »	
			12	4 et plus.		50	4 00	8 20	13 »	18 70	50	21 »	
3	3 et plus.		14	4 —		55	5 35	8 90	14 10	20 30	55	22 »	
4	3 »		16	4 —		60	5 80	9 60	15 20	21 80	60	21 »	
5	2 . 3 »		18	2 . 5 »		70	6 80	11 »	17 50	24 70	70	25 »	
6	2 . 3 »		20	2 . 3 »	12	80	7 80	12 40	19 80	27 80	80	32 »	
7	2 . 3 »	14	26	3 »		90	8 80	13 80	23 10	30 30	90	36 »	
8	1 . 2 »		Et tous diamètres et épaisseurs au-dessus.			100	0 53	15 20	24 40	33 10	100	40 »	
9	1 . 2 »					110	10 90	16 80	26 80	35 »	110	44 »	
10	1					120	12 »	18 40	29 20	38 90	120	48 »	
Et tous les diamètres plus grands de 1m d'épaisseur.						130	13 10	20 »	31 60	41 89	130	52 »	
						140	14 20	21 60	34 »	44 70	140	56 »	
						150	15 40	23 40	36 50	47 70	150	60 »	
						160	16 60	24 20	39 »	50 70	160	64 »	
						170	17 80	26 »	41 80	53 70	170	68 »	

Pour les diamètres intermédiaires, ou les diamètres supérieurs à 170 mill., on ajoutera 50 centimes par millimètre.

N. B. Pour tous ces tuyaux, il sera fourni des raccords en cuivre aux prix fixes de 3 fr. 50 pour les tuyaux de 20 et de 25 mill.; — de 4 fr. 50 pour ceux de 30 mill.; — de 6 fr. pour ceux de 35 mill.; — de 9 fr. pour ceux de 40 mill.; — de 12 fr. pour ceux de 45 mill.; — de 14 fr. pour ceux de 50 mill.; — de 16 fr. pour ceux de 55 mill.; — de 18 fr. pour ceux de 60 mill.

FILS.

PRIX AU KILOG.

Le numéro du fil indique le nombre de centaines de mètres par 1/2 kilog. Le fil vulcanisé couvert se vend 1 fr. de plus par kilog.

BLANC. 1re QUALITÉ.			RÉGÉNÉRÉ. 2e QUALITÉ.			VULCANISÉ.		
		fr. c.			fr. c.			fr. c.
Numéro 10	le kilog.	11 50	Numéro 10	le kilog.	10 50	Numéro 10	le kilog.	11 50
— 15	—	» »	— 15	—	» »	— 15	—	» »
— 20	—	» »	— 20	—	» »	— 20	—	» »
— 25	—	» »	— 25	—	» »	— 25	—	» »
— 30	—	» »	— 30	—	» »	— 30	—	» »
— 35	—	» »	— 35	—	» »	— 35	—	» »
— 40	—	» »	— 40	—	» »	— 40	—	» »
— 45	—	» »	— 45	—	» »	— 50	—	12 »
— 50	—	12 »	— 50	—	11 »	— 60	—	12 »
— 55	—	12 »	— 55	—	11 »	— 70	—	12 50
— 60	—	12 50	— 60	—	11 50	— 80	—	13 »
— 65	—	13 »	— 65	—	12 »	— 90	—	14 »
— 70	—	14 »	— 70	—	13 »	— 100	—	15 »
— 80	—	15 »	— 80	—	14 »			
— 100	—	16 »	— 100	—	15 »			

MERCERIE ET PAPETERIE.

GOMME DE PAPETIERS.		JARRETIÈRES.				CEINTURES.	
	le kilog.	à Boucles.	la douz.	Communes à Agrafes.	la grosse.		la douz.
No 6. — 200 morceaux au kilog.	8 f »	Boucles d'acier........	8 f »	Pour hommes,........	8 f »	Grandes.............	15 f »
No 8. — 150 » »	» »	» dorées........	9 »	» femmes,........	6 »	Moyennes............	13 »
No 10. — 100 » »	» »	» noires.........	6 »	» enfants..........	4 »	Petites.............	10 »

OBJETS DIVERS.

		fr. c.			fr. c.
Dessous de Bras, grand modèle.........	la douzaine.	6 »	Gants à l'usage de diverses industries....	la paire.	5 »
» petit modèle..........	»	5 »	Sacs à éponges....................	la douzaine.	16 »
Serre-Papiers concentriques de dimensions courantes et de toutes épaisseurs, le kilog., de.................... fr. 15 à		30 »	Bouts de pipes, divers modèles.......	la grosse de 2 à	6 »
			Pointes de cigares................	» de 7 à	20 »
Chaussons pour hommes, de 28 à 30 cent. de longueur,	le douz. de paires.	20 »	Tuyaux de pipes............	la douzaine de 2 à	12 »
» pour femmes, de 24 à 26 cent. la douz. de paires,		18 »	Blagues Porte-manteaux, à queue..........	la douzaine.	15 »
» fillettes, de 20 à 24	»	15 »	» grand modèle.......	»	12 »
» enfants, de 10 à 15	»	10 »	» petit modèle.......	»	10 »
Doigtiers ouverts ou fermés.......	la grosse simple.	6 »	Blagues plissées, grand modèle.......	»	14 »
			» petit modèle.......	»	11 »

BRACELETS EN FEUILLE LISSE ET JARRETIÈRES RONDES.

NUMÉROS.	LONGUEUR en millimètres.	LARGEUR en millimètres.	PRIX AU KILOG., EN FEUILLES.	
			Minces, 1/2 mill. d'épaisseur.	Épaisse, 3/4 mill. d'épaisseur.
1	50 milli.	3 milli.		
2	55	4		
3	60	7		
4	65	8		
5	70	9	le kil. 13 fr.	le kil. 11 fr.
6	80	10		
7	95	10		
8	110	20		
9	130	21		
10	150	25		

Si on veut acheter en manchons non découpés, les prix sont :

En feuille mince, le kilog. 12 50

En feuille épaisse, le kilog. 10 50

Toutes dimensions, autres que celles indiquées ci-contre, et figurées ci-dessous, peuvent être fabriquées à des prix correspondants.

DESSIN DES DIMENSIONS DES DIVERS NUMÉROS DE BRACELETS ET JARRETIÈRES.

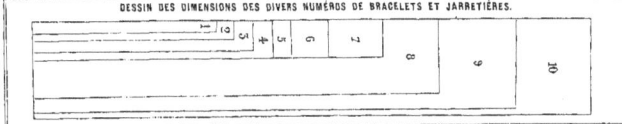

RESSORTS EN TRESSES DE FILS DE CAOUTCHOUC. (Breveté s. g. d. g.)

RECOUVERTS EN COTON DE TOUTES COULEURS.

PRIX AU MÈTRE.			PRIX AU MÈTRE.		
		fr. c.			fr. c.
Du poids de 5 grammes et au-dessous, le mètre..........		» 08	Du poids de 30 grammes à 40 grammes, le mètre........		» 45
» de 5 » à 10 grammes....		» 15	» de 40 » à 50 »		» 55
» de 10 » à 15 »		» 22	» de 50 » à 75 »		» 80
» de 15 » à 20 »		» 26	» de 75 » à 100 »		1 »
» de 20 » à 30 »		» 35	Même progression au-dessus de 100 grammes.		

BALLES.

Les numéros des balles indiquent le diamètre exprimé en millimètres.

PRIX A LA DOUZAINE.

PLEINES.		CREUSES.	
Nos 30	fr. c.	Nos 30	1 10
35	» 90	35	1 40
40	1 20	40	1 65
45	1 45	45	2 10
50	1 90	50	2 45
55	2 30	55	3 10
60	3 »	60	4 50
	4 50		

Balles à grelots, 30 c. de plus par douzaine.
Balles à soupapes, même prix que les balles creuses.

BALLONS.

Les numéros des ballons indiquent le diamètre exprimé en millimètres.

PRIX A LA DOUZAINE.
(Garantis ne se dégonflant pas.)

Nos 65	fr. c.	Nos 125	fr. c.
65	5 »	125	15 »
75	6 50	130	16 »
85	8 25	140	18 »
100	10 »	160	20 »
110	12 »	200	40 »
120	14 »	250	60 »

Ballons à clé, se dégonflant à volonté, 12 f. en plus la douz.

BOULETS pour Soupapes de Pompes.

Les numéros des boulets indiquent le diamètre en millimètres.

PRIX AU KILOG., 6 FR.

Diamètres courants.			Observation.
Nos 30	Nos 65	Nos 125	Le poids spécifique varie suivant les demandes. Si on désirait des diamètres différents du tableau ci-joint, les moules devront être payés à part.
35	70	130	
40	75	140	
45	85	150	
50	100	200	
55	110	250	
60	120		

SIPHONS AUTOFLUEURS AVEC BOUCHONS EN MÉTAL.

PRIX A LA PIÈCE.

NUMÉROS.	DIAMÈTRE intérieur.	LONGUEUR.	PRIX.
1	0m,006	1m »	fr. c. 8 »
2	0 ,010	1 50	12 »
3	0 ,020	1 75	30 »

GOURDES DE CHASSE

PRIX A LA DOUZAINE.

CONTENANCE.	UNIES.	IMPRIMÉES.
1 litre.	50f »	55f »
2/3 —	45 »	50 »
1/2 —	30 »	35 »
1/4 —	25 »	» »
1/8 —	22 »	» »

BANDES DE BILLARDS.

PRIX AU KILOG.

En caoutchouc vulcanisé, le kilog........................ 9 fr. | Le prix des bandes montées est, par garniture sur liteaux avec toile, 15 fr.
Id. id. id. avec toile et lisière, 18
en sus du poids du caoutchouc.

Les figures ci-dessous donnent les dessins des principaux modèles : les chiffres placés dans l'intérieur des figures indiquent le poids en grammes par mètre de longueur.

Moyennant la somme de 60 fr., on fabrique des moules sur les dessins envoyés par MM. les fabricants de billards. Le moule devient leur propriété, et les bandes sont marquées à leurs noms.

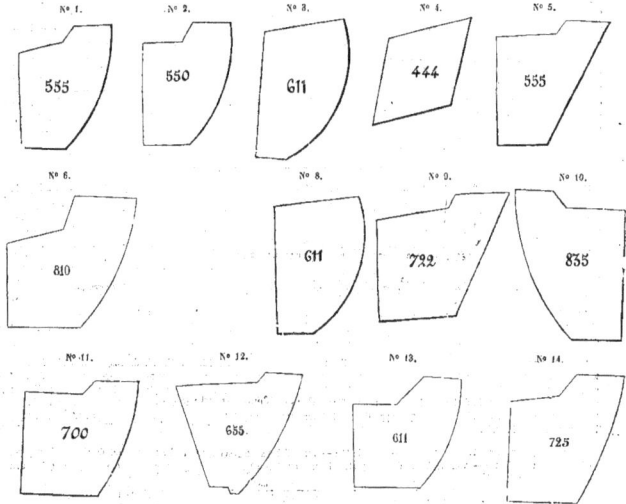

No 1.   No 2.   No 3.   No 4.   No 5.

555   550   611   444   555

No 6.   No 8.   No 9.   No 10.

810   611   722   835

No 11.   No 12.   No 13.   No 14.

700   655   611   725

APPLICATION SPÉCIALE DU CAOUTCHOUC VULCANISÉ

AUX CHEMINS DE FER, USINES A VAPEUR, MANUFACTURES, POMPES, CONDUITES DES EAUX, ETC., ETC.

Observations générales. — L'industrie du Caoutchouc n'est pas encore très connue; aussi, croyons-nous devoir entrer dans quelques explications.

Le prix de la matière brute varie dans la proportion de 2 à 8, suivant les provenances et les qualités

De là peut résulter une différence considérable dans les prix de la matière fabriquée.

Mais une différence plus grande encore résulte des mélanges du Caoutchouc avec d'autres matières, mélanges que le Caoutchouc admet presque à l'infini, et dont quelques-uns n'en augmentent pas le poids spécifique.

Quelques mélanges sont nécessaires pour atteindre certains résultats que le consommateur demande ; mais, au delà de cette limite, le mélange n'est qu'une fraude, ayant pour but d'offrir au public, aux dépens de la qualité, un bon marché apparent.

Les acheteurs ne doivent donc pas oublier que les prix doivent toujours, sauf les cas de difficulté extrême de manutention, être en raison de la qualité de la matière première et de la pureté de la matière fabriquée ;

Que la fraude est aisée, et que presque toujours tel article vendu 6 fr. le kilog. est plus cher que tel autre vendu ailleurs 12 fr. ;

Qu'enfin, les fabricants qui se respectent n'admettent d'autres mélanges, que ceux indispensables pour les résultats qu'ils veulent atteindre.

La franchise du vendeur faisant la sécurité de l'acheteur, nous devions à nos clients ces quelques explications sommaires, et nous sommes prêts à entrer dans des développements plus complets vis-à-vis de ceux qui le désireront.

Tuyaux. — Le caoutchouc est la seule matière qui puisse fournir un tuyau souple et maniable à l'infini, se prêtant de lui-même à toutes les courbes, se relevant après la compression la plus violente, ne s'altérant jamais, même au contact de la plupart des acides.

Combiné avec de la toile de chanvre, le tuyau de caoutchouc peut resister à une pression intérieure de 30, 40, 50 atmosphères et plus, suivant son épaisseur et le nombre de toiles interposées. Il est destiné à devenir d'un emploi général, notamment pour les pompes à incendie, où il remplace, avec économie et avantage, le tuyau en cuir, — si peu résistant, — si difficile à manœuvrer en raison de sa raideur et de son poids toujours croissant par l'absorption de l'eau pendant l'action de la pompe, — si coûteux à entretenir par l'obligation de le faire égoutter et de le sécher chaque fois qu'il a fonctionné, et de le graisser sans cesse ; — enfin d'autant plus cher que l'avidité des rats augmente les causes naturelles de destruction auxquelles il est en butte. Les brasseries, les vinaigreries, les fabriques de produits chimiques, et tous les établissements qui ont besoin de transporter un liquide quelconque, chaud, froid ou corrosif, s'empresseront aussi d'adopter ce nouveau produit déjà si répandu en Amérique et en Angleterre.

Combiné avec de la toile de chanvre et du fil de fer en spirale, noyé dans l'épaisseur de la matière et par conséquent à l'abri de toute oxydation, le tuyau de caoutchouc remplit véritablement une lacune. Souple, se repliant sur lui-même, se prêtant à tous les contours, parfaitement uni à l'intérieur, sans oblitération possible et résistant toujours à la pression atmosphérique, il se prête admirablement à l'épuisement, à des profondeurs variables, des eaux ou des matières liquides et grasses quelconques.

Rondelles pour joints de vapeur et joints hydrauliques. — Convenablement amalgamé avec des substances spécialement choisies, le caoutchouc a, sur le plomb, le carton, la filasse ou le cuir, l'avantage de mettre sous la main du contre-maître de fabrique, à toute heure et pour toute circonstance, une rondelle toute prête, de la dimension voulue, qui remplit promptement et solidement l'intervalle des brides sans qu'il soit besoin de les tourner, se serre à volonté, et n'engorge jamais ni les tuyaux, ni les tuiles ou cylindres des machines à vapeur, comme le fait trop souvent le minium. Usitée partout aux États-Unis, même pour de très hautes pressions atmosphériques, la rondelle de caoutchouc coûte, d'ailleurs, moins cher que le joint de vapeur ou le joint hydraulique ordinaire.

Lanières pour joints de trous d'homme de générateurs. — C'est le joint le plus simple, le plus prompt et le plus économique. Ces lanières sont découpées circulairement, de manière à s'adapter facilement sur le siège du bouchon.

Feuilles. — La feuille de caoutchouc, de toutes longueurs et épaisseurs, et de toutes largeurs jusqu'à 1m, 20, sert à faire la rondelle. Comme elle peut être, ou élastique en tous sens, ou élastique dans un seul sens, ou élastique seulement par compression, ou nue, ou recouverte d'une toile, elle sert encore, en industrie, à mille usages que l'industriel lui-même imagine chaque jour, tels que clapets de pompes à air et de pompes alimentaires, pistons de pompes, ressorts, matelas flexibles pour les marteaux-pilons, etc.

Objets divers moulés. — Vulcanisé dans un moule, le caoutchouc prend toutes les empreintes, toutes les formes les plus délicates, et les conserve indéfiniment à toutes les températures. C'est ainsi qu'on fabrique des clapets spéciaux pour les pompes des grandes machines, des boulets pour remplacer les clapets de dimension moyenne, des tampons de chemins de fer, des suspensions de wagons, des instruments de chirurgie, etc., etc. En un mot, tout peut se mouler en caoutchouc aussi facilement qu'en plâtre.

Articles pour papeteries. — Les couvertes ou courroies, telles que nous les fabriquons, ont reçu depuis un an de nombreuses applications, et les fabricants qui les emploient les déclarent supérieures à tous les autres systèmes. Il en est de même des tabliers de papeterie et des queues de vaches, fabriqués en une matière toute spéciale.

Ressorts en tresses de fils de caoutchouc. — Ces ressorts, composés d'un faisceau de fils de caoutchouc entourés d'une tresse de coton, sont appelés à remplacer avantageusement les mêmes ressorts en caoutchouc pur et même les ressorts à boudin. On comprend quelle doit être la puissance de cent, deux cents ou trois cents fils fortement serrés les uns contre les autres, et quelle doit être en même temps la durée de leur résistance. Quelques fils peuvent se rompre sans la diminuer. Dans les autres ressorts au contraire, toute rupture est fatale. C'est à l'industrie qu'il appartient de trouver les mille applications auxquelles donnera lieu, avant peu de temps, le nouveau ressort breveté.

Autres applications du caoutchouc. — Pour le fil ; — les articles de mercerie, papeterie, pharmacie, de chasse, de voyage; — les balles et ballons ; — voir le Tarif d'autre part. Leurs emplois et leurs avantages sont trop connus pour qu'il soit nécessaire de les relater ici.

Paris. — Imp. Félix Malteste et Cie, rue des Deux Portes-Saint-Sauveur, 22.

www.ingramcontent.com/pod-product-compliance
Lightning Source LLC
Chambersburg PA
CBHW070230200326
41520CB00018B/5799